案例赏析

21.3.2 数码照片合成——空灵的深林女巫　572 页
视频：光盘\视频\第 21 章\合成空灵的深林女巫 .swf

4.6.1
为花朵添加露珠
100 页
视频:光盘\视频\第 4 章\为花朵添加露珠 .swf

6.2.2
自定义画笔笔触
143 页
视频：光盘\视频\第 6 章\自定义画笔笔触 .swf

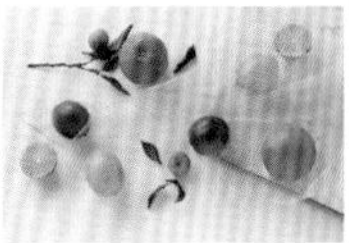

7.3.7
使用“历史记录艺术画笔工具”制作图像　169 页
视频：光盘\视频\第 7 章\使用“历史记录艺术画笔工具”制作艺术图像 .swf

10.1.2
使用混合模式辅助照片上色　235 页
视频：光盘\视频\第 10 章\使用混合模式辅助照片上色 .swf

10.8
使用去边命令提高抠图合成效果　270 页
视频：光盘\视频\第 10 章\使用去边命令提高抠图合成效果 .swf

11.2.6
创建滤镜蒙版
281 页
视频：光盘\视频\第 11 章\创建滤镜蒙版 .swf

案例赏析

11.7.2 创意合成童话公主　　296 页

视频：光盘 \ 视频 \ 第 11 章 \ 创意合成童话公主 .swf

3.4.1
置入 EPS 文件
54 页
视频：光盘 \ 视频 \ 第 3 章 \ 置入 EPS 文件 .swf

3.16.1
在不同文档间移动图像
70 页
视频：光盘 \ 视频 \ 第 3 章 \ 在不同文档间移动图像 .swf

3.16.3
使用再次变换制作图形
72 页
视频：光盘 \ 视频 \ 第 3 章 \ 使用再次变换制作图形 .swf

5.5.4
使用“历史记录”填充
128 页
视频：光盘 \ 视频 \ 第 5 章 \ 使用“历史记录”填充 .swf

4.3.3
合成悠闲的夏日午后
94 页
视频：光盘\视频\第 4 章\合成悠闲的夏日午后 .swf

7.3.1
使用“污点修复画笔工具”去除脸部黑点
163 页
视频：光盘\视频\第 7 章\使用“污点修复画笔工具”去除脸部黑点 .swf

3.20.1
使用“历史记录”面板
78 页
视频：光盘\视频\第 3 章\使用历史记录面板 .swf

7.3.2
使用“修复画笔工具”去除皮肤黑痣
164 页
视频：光盘\视频\第 7 章\使用“修复画笔工具”去除皮肤黑痣 .swf

4.3.1
打造美丽霓虹灯光照效果 92 页
视频：光盘\视频\第 4 章\打造美丽霓虹灯光照效果 .swf

4.5.6
为人物打造简易妆容 98 页
视频：光盘\视频\第 4 章\为人物打造简易妆容 .swf

案例赏析

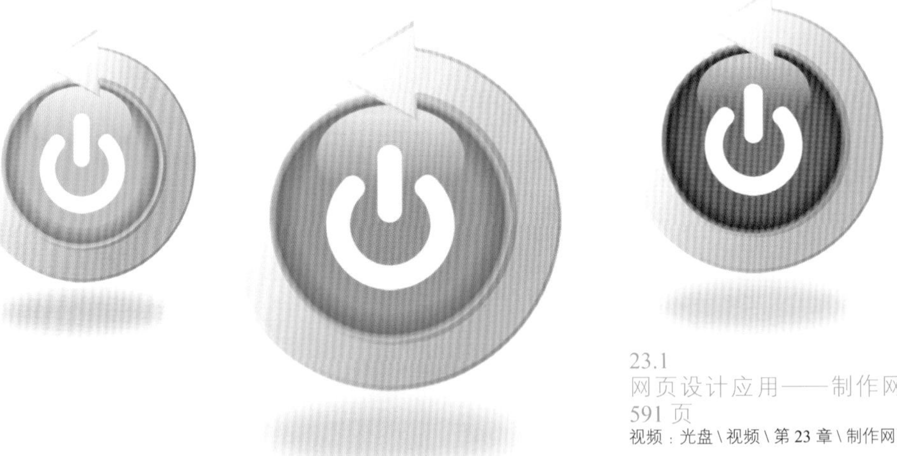

23.1
网页设计应用——制作网页按钮
591 页
视频：光盘\视频\第 23 章\制作网页按钮 .swf

3.16.7
变形制作飘逸长裙 74 页
视频：光盘\视频\第 3 章\变形制作飘逸长裙 .swf

6.1.2
为图像替换颜色 140 页
视频：光盘\视频\第 6 章\为图像替换颜色 .swf

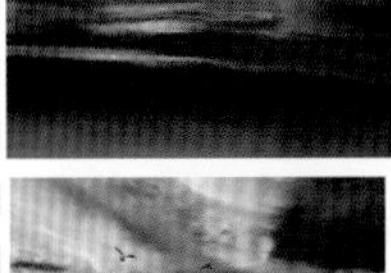

6.1.4
使用“混合器画笔”绘制印象派画像 141 页
视频：光盘\视频\第 6 章\使用“混合器画笔”绘制印象派画像 .swf

7.4.3
使用“修饰工具”对图像进行修饰 170 页
视频：光盘\视频\第 7 章\修饰工具对图像进行修饰 .swf

案例赏析

20.2 视觉特效的应用——冰封的恶魔　561 页
视频：光盘 \ 视频 \ 第 20 章 \ 冰封的恶魔 .swf

10.6.8 使用图像堆栈调亮人物肤色　264 页
视频：光盘 \ 视频 \ 第 10 章 \ 使用图像堆栈调亮人物肤色 .swf

13.3.3 使用“贴入”命令创建通道　337 页
视频：光盘 \ 视频 \ 第 10 章 \ 使用“贴入”命令创建通道 .swf

12.4.10 制作雪景效果　320 页
视频：光盘 \ 视频 \ 第 12 章 \ 夏季转换为冬天雪景效果 .swf

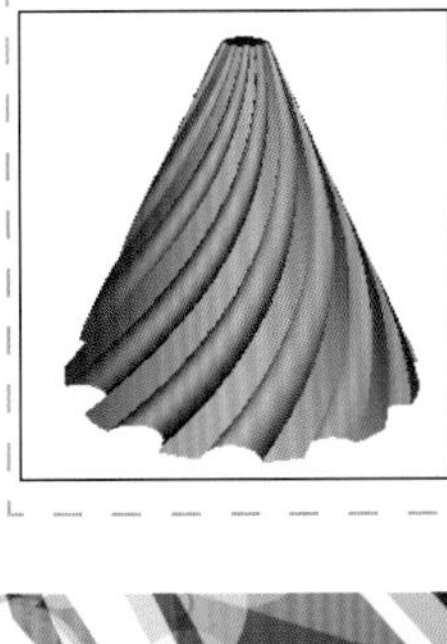

16.4.2 创建 3D 冰激凌网格　429 页
视频：光盘 \ 视频 \ 第 16 章 \ 创建 3D 冰激凌网格 .swf

案例赏析

20.1 视觉特效应用——长颈鹿熨烫衣服 555 页
视频：光盘\视频\第 20 章\长颈鹿熨烫衣服 .swf

6.2.3
使用“画笔工具”改变人物唇彩
145 页
视频：光盘\视频\第 6 章\使用“画笔工具”改变人物唇彩 .swf

7.9.2
使用“修补工具”复制图像 177 页
视频：光盘\视频\第 10 章\使用“修补工具”复制图像 .swf

11.4.2
剪贴蒙版制作镜中人 288 页
视频：光盘\视频\第 11 章\剪贴蒙版制作镜中人 .swf

12.4.2
使用“曲线”命令调整图像
310 页
视频：光盘\视频\第 12 章\使用“曲线”命令调整图像 .swf

11.2.7
运用图像创建图层蒙版 282 页
视频：光盘\视频\第 11 章\运用图像创建图层蒙版 .swf

12.7.2
打造照片怀旧效果
332 页
视频：光盘\视频\第 12 章\打造照片怀旧效果 .swf

16.7.5 制作金属质感立体字 443 页
视频：光盘\视频\第 16 章\制作金属质感立体字 .swf

案例赏析

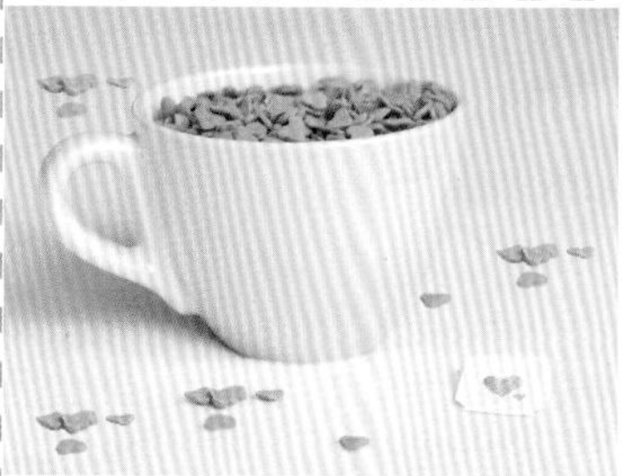

7.2.2
自定义图案绘制图像 161 页
视频：光盘\视频\第 7 章\自定义图案绘制图像 .swf

11.2.5
创建调整图层蒙版
280 页
视频：光盘\视频\第 11 章\创建调整图层蒙版 .swf

13.6.5
抠出半透明图像
351 页
视频：光盘\视频\第 13 章\抠出半透明图像 .swf

15.1.2
创建温暖色调动作
395 页
视频：光盘\视频\第 15 章\创建温暖色调动作 .swf

15.1.1
应用预设动作制作四分色 394 页
视频：光盘\视频\第 15 章\应用预设动作制作四分色 .swf

15.2.4
动作再次记录
401 页
视频：光盘\视频\第 15 章\动作再次记录 .swf

15.2.1
动作的修改
398 页
视频：光盘\视频\第 15 章\动作的修改 .swf

15.9
限制图像尺寸
415 页
视频：光盘\视频\第 15 章\限制图像尺寸 .swf

13.6.7
改变图像色调
354 页
视频：光盘\视频\第 13 章\改变图像色调 .swf

18.2
使用滤镜库制作水彩画效果 496 页
视频：光盘\视频\第 18 章\滤镜库制作水彩画效果 .swf

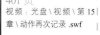

案例赏析

3.11.4
裁剪拉直图像
64 页
视频：光盘 \ 视频 \ 第 3 章 \ 裁剪拉直图像 .swf

3.11.2
使用金色螺线裁切　63 页
视频：光盘 \ 视频 \ 第 3 章 \ 使用金色螺线裁切 .swf

3.17
使用“操控变形”改变大象的鼻子
75 页
视频：光盘 \ 视频 \ 第 3 章 \ 操控变形改变大象的鼻子 .swf

3.16.5
透视变换制作灯箱　72 页
视频：光盘 \ 视频 \ 第 3 章 \ 透视变换制作灯箱 .swf

4.2.4
合成高飞的鸿鹄
88 页
视频：光盘 \ 视频 \ 第 4 章 \ 合成高飞的鸿鹄 .swf

4.1.1 为图像添加边框　84 页
视频：光盘 \ 视频 \ 第 4 章 \ 为图像添加边框 .swf

4.10.2 制作美食新品宣传广告　108 页
视频：光盘 \ 视频 \ 第 4 章 \ 制作美食新品宣传广告 .swf

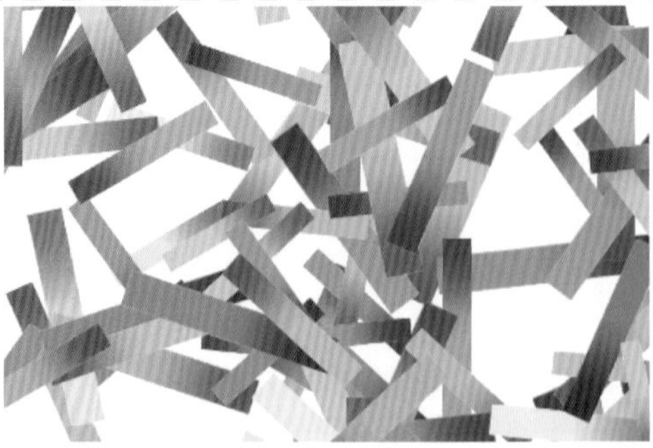

5.5.3 使用图案填充　127 页
视频：光盘 \ 视频 \ 第 5 章 \ 使用图案填充 .swf

案例赏析

6.7.2 制作浪漫相册 157 页

视频：光盘 \ 视频 \ 第 6 章 \ 制作浪漫相册 .swf

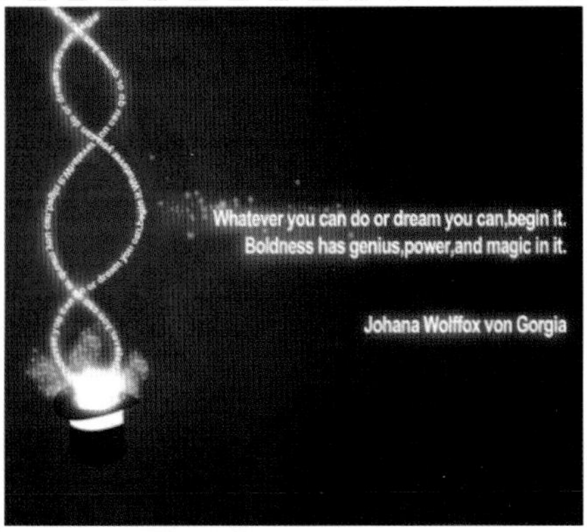

14.5.3 制作有趣的光影文字 382 页

视频：光盘 \ 视频 \ 第 14 章 \ 制作有趣的光影文字 .swf

17.6.5 置入图像序列制作悲哀天使 481 页

视频：光盘 \ 视频 \ 第 17 章 \ 置入图像序列制作悲哀天使 .swf

17.7 添加样式增强视频光效 482 页

视频：光盘 \ 视频 \ 第 17 章 \ 添加样式增强视频光效 .swf

17.6.3 设置视频图层制作片头 479 页

视频：光盘 \ 视频 \ 第 17 章 \ 设置视频图层制作片头 .swf

案例赏析

7.5.3
对图像进行润色
172 页
视频：光盘\视频\第7章\对图像进行润色.swf

7.3.4
使用“内容感知移动工具”更改人物位置 166 页
视频：光盘\视频\第7章\使用“内容感知移动工具”更改人物位置.swf

11.5.2
替换局部图像
291 页
视频：光盘\视频\第11章\替换局部图像.swf

13.6.4
抠出人物毛发
349 页
视频：光盘\视频\第13章\抠出人物毛发.swf

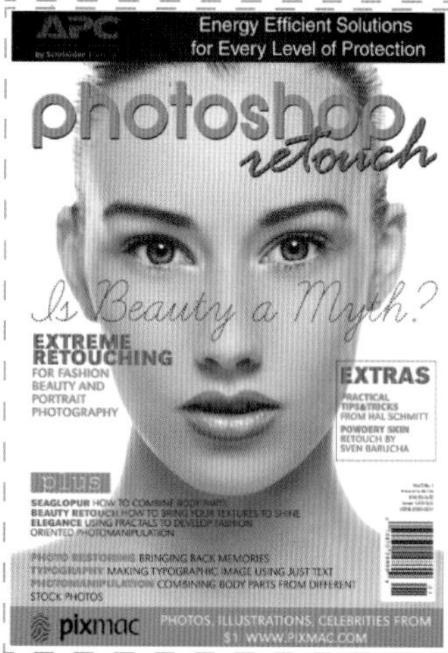

13.3.5
创建专色通道
338 页
视频：光盘\视频\第13章\创建专色通道.swf

13.3.7
分离通道创建灰度图像
340 页
视频：光盘\视频\第13章\分离通道创建灰度图像.swf

22.1
制作斑驳的古铜文字 577 页
视频：光盘\视频\第22章\制作斑驳的古铜文字.swf

4.7.6 存储选区制作霓虹灯字体 105 页 视频：光盘\视频\第4章\存储选区制作霓虹灯字体.swf